基地で平和はつくれない
石川文洋の見た辺野古
石川文洋
Bunyo Ishikawa

新日本出版社

フェンス　昔は自分たちの島を自由に歩くことができた。政治と戦争によって、中に入れば逮捕される地域が広がった。フェンスのない島がみんなの願いである。2014/1/19

「辺野古」の経緯①

1995年9月4日、米海兵隊員3人による少女暴行事件。同28日、大田昌秀県知事が軍用地強制使用のための代行手続きを拒否すると表明。10月、暴行事件への県民抗議大会に85000人が参加。

1996年3月22日、大田知事が橋本龍太郎首相に普天間基地の早期返還を要求。

1996年12月、日米両政府「沖縄に関する特別行動委員会（ＳＡＣＯ）」を設置。普天間基地の代替として東海岸沖の建設を合意。

1997年11月、日本政府、海上ヘリポート案を沖縄県、名護市に提示。

1997年12月、名護市民投票。海上ヘリポート反対票が賛成票を上まわる。

1998年、大田知事、海上ヘリポート建設反対表明。

1998年11月、代替空港軍民共同案を公約にした稲嶺恵一氏が県知事に当選。

1999年11月、稲嶺知事、代替基地を辺野古と発表。

1999年12月、岸本建男名護市長、沿岸基地の受け入れを表明。

1999年12月、政府、軍民共用空港を念頭に閣議決定。

大浦湾　右のキャンプ・シュワブ側が埋め立て予定地（埋め立て面積160ヘクタール）。東京ドーム17個分2100万立方メートルの土砂が投入される。自然が破壊され、ジュゴン、魚介類に影響するのは確実。2013/9/13

辺野古漁港　漁港の向こうはキャンプ・シュワブ。今は静かな海だが基地が建設されると一帯には軍用機の騒音が響くだろう。
2014/1/18

平和の塔　日中戦争からアジア太平洋戦争で命を失った人々の名を刻んだ碑と平和の塔が辺野古海岸近くに建っている。
2014/1/19

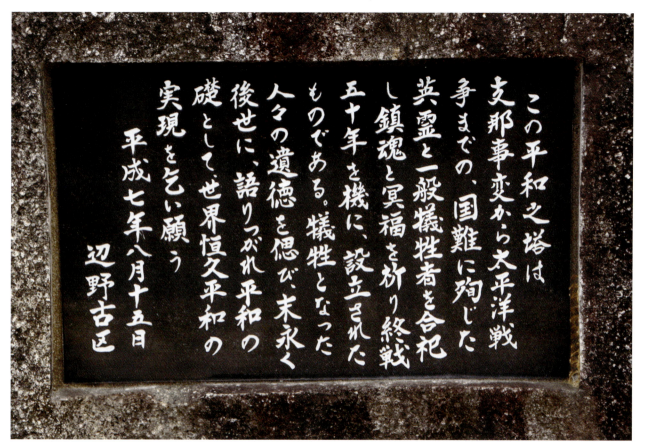

平和を願う 誰もが平和を願っている。ただ、米軍が北ベトナムの都市や南ベトナムの農村を爆撃したのも、それはアメリカの平和に結びつくという理由だったが、そこには犠牲になるベトナムの民間人への考えはなかった。2014/1/19

命どぅ宝　ここに記された多くの人は、沖縄戦で命を奪われたと思う。同じ屋号の５人の比嘉さんは家族だったろうと、悲惨な戦争を想像した。基地のない平和な故郷を願っていると思った。2014/1/19

解説

　今、沖縄の辺野古に新しい米軍基地建設が進められています。沖縄では多くの人が基地建設に反対し、翁長雄志知事は新基地建設中止を司法に訴え、政府と裁判で争っています。そうすることによって沖縄の基地問題に対し、本土の人々にもっと関心を持ってもらいたいという、強い気持ちも持っています。

　私は沖縄で生まれましたが、本土に長い間住んでいるので「在日沖縄人」を自称しています。そして、沖縄に住む人々と同様、本土の人が辺野古新基地建設を日本の問題と考えていただけるよう願っています。辺野古へ行きキャンプ・シュワブ前で座り込みを続けている人々、海上でカヌーで抗議している人々を見て、この人たちは平和を守るために最前線に立っているのだ、この状況を一人でも多くの本土の人に伝えたいと思いました。

　私はベトナム戦争中、最前線で戦場を撮影してきました。そのほか、カンボジア、ラオス、ボスニア、ソマリア、アフガニスタンの戦争を撮影し、日本の戦争の軌跡を追って中国、韓国、北朝鮮、北方領土、南洋諸島、フィリピン、ハワイなどを取材しました。

アミの部分は米軍基地

沖縄県知事公室基地対策課資料から作成

　その結果、戦争は多くの大切な命を奪い、国土、個人、公共の財産、文化財、自然を破壊し、深い後遺症を残すと確信しました。どの戦争も同じです。軍隊は

市民を守ることができない、軍隊があるから戦争になると思いました。このことは、アジア・太平洋戦争の日本軍が証明しています。そして戦争を防ぐためには、戦争の実相を知り、過去の戦争の教訓を学び生かすことと思いました。

軍事基地は戦争の訓練をし、戦争に備えたものです。基地から平和は生まれません。平和は、あくまで政治の平和外交、民間人の平和交流から生まれるものと信じています。

なぜ、沖縄は辺野古新基地建設に反対するのか、政府はどうして基地建設を強行しているのか。それは双方とも辺野古だけの問題ではないと考えているからです。

辺野古問題を理解するために、沖縄の簡単な歴史を含め、辺野古新基地建設に至るまでの経過、米軍基地の状況を簡単にまとめてみました。

ご存じのように、沖縄県となる以前は琉球国として独立していました。言葉は、島々を渡ってきた本土方言の影響を受けているが琉球独自の言葉も多く、本土の人が聞いてもほとんどわかりません。大和との従属関係はなかったようです。私は、本土に来た後も両親が沖縄語を話していたので、沖縄語を80パーセントぐらいは理解できます。

古代時代は省略して中世から見ると、琉球は今帰仁（なきじん）城のある北山（山は国）、浦添城の中山、城は大里村にあったのではないかといわれる南山に分かれて勢力を争っていた三山時代の1372年に中国、明朝から入貢を求められました。明の皇帝に貢物を差し出しなさいということです。

しかし、実質的な服従ではなく貢物に対し返礼としてたくさんの品物を贈られたそうです。貢物を積む進貢船まで中国が提供し厚遇を受けました。進貢使として1回に150人が中国に行きました。琉球王が替わる時は、冊封（さっぽう）という戴冠式に使節団が400人くらい琉球に来て、半年滞在しました。

こうして1326人の溜学生も含め多くの琉球人が中国へ渡り、中国文化が琉球に浸透しました。中国に対する進貢国は、朝鮮、ベトナム、フィリピン、タイ、カンボジア、ジャワなど17カ国に及んでいたようですが、中国は進貢国としか貿易を許していなかったので、琉球は、中国や日本、アジアの品々を扱って大交易時代をつくり、各国へ行きました。

こうして得た琉球の利益を搾取し支配しようとしたのが薩摩藩でした。藩主・島津家久は1609年、徳川家

康の許可を得て、3000人の軍勢を派遣して、当時、琉球国の支配下にあった奄美列島を占領、首里城を陥落させました。そして琉球国を8万3000石と見積もって課税したのです。年貢米9000石、そのうち3分の1は砂糖、ほかに芭蕉布、琉球布、牛皮など。この重税に琉球人は苦しみました。

　ベトナム戦争を撮影して、私は、侵略とは軍事力をもって自国の利益となるような政府を要求する、または自国で直接支配する、こうしたことが侵略だと思いました。琉球は薩摩藩に侵略されたのです。1947年3月12日、アメリカのトルーマン大統領が議会で、共産主義との対決・封じ込めを宣言しました。ベトナムの共産主義化を防ぐとしてアメリカの利益に合うベトナム共和国を南ベトナムのサイゴン（現ホーチミン市）に樹立させ、その政府を守るために延べ350万人の兵力を派遣したのは明らかに侵略です。私が滞在していた1968年にはベトナム駐留米軍は50万人を超えていました。

　そうした見方から私は、日本が中国に「満州国」を樹立させたのも、韓国併合、台湾支配も侵略と考えています。中国と琉球の友好関係は500年続きましたが、明治政府による琉球藩設置、1879年の琉球併合、沖縄県設置となって、完全に絶えたのです。

　琉球併合も、私は明治政府の侵略と考えています。1879年3月27日、明治政府の内務大丞、琉球処分官・松田道之が、熊本鎮台（後の第六師団）の2個中隊・警官合わせて約600人を率いて首里城で王府首脳に沖縄県設置を通告しました。薩摩藩の支配下に置かれ兵力を持たなかった琉球国には600人の軍事力で十分だったのです。

　一週間後の4月4日は初代県令（知事）として鍋島直彬（元鹿島藩＝佐賀藩の支藩の藩主）が赴任しました。県庁職員百余人のうち、沖縄人は24人だったそうです。

　そして日本併合後66年で沖縄戦となりました。その結果、4人に1人、約12万人以上の沖縄人が犠牲となりました。その中には、鉄血勤皇隊、ひめゆり学徒隊など学生も含まれていますが、みな、日本に忠誠を尽くそうと尊い命を失っています。

　もし、日本軍がいなければ、米軍が上陸しても戦闘は起こらず、民間人の死者もなく、文化財の破壊もなかったでしょう。軍隊は民間人を守ることができないという考えは、沖縄戦や私が見たベトナム戦争から生まれています。

現在の米軍基地は、沖縄戦の後遺症です。沖縄を占領した米軍は、日本軍が唱える本土決戦に備え、日本軍の使った飛行場を拡大し、住民の土地を奪い、基地としました。日本の敗戦後は「共産主義との対決」という戦略のもとで、さらに基地を拡大し、核兵器も持ち込みました。

　2013年4月28日、安倍政権はサンフランシスコ講和条約が発効した記念と称して、「主権回復・国際社会復帰を記念する式典」を催しましたが、沖縄ではこの日は、同条約によって、日本の独立と引き換えに、アメリカに沖縄の施政権を渡したことから、「屈辱の日」としている人たちも多いのです。

　1951年、サンフランシスコ講和条約調印、翌52年4月28日に発効されました。その翌53年、沖縄県米民政府は「土地収用法」を公布して、銃剣を持って農民の土地を強制的に取り上げ、ブルドーザーで基地にしました。沖縄の総面積の14パーセント、耕地面積の42パーセントが米軍基地となりました。1坪の年間土地使用料は日本円相当で5円40銭、アンパン1個の価格10円にも満たないものだったそうです。

　1972年5月15日の本土復帰を、私も強く希望しました。沖縄へ帰るたびの渡航証明書（旅券）申請、税関申告も煩雑であるばかりでなく、アメリカ支配下での沖縄差別政策や米兵の犯罪に対する地位協定の不合理に怒りを感じていました。それに復帰すれば基地は減少し、日本国憲法下で沖縄は本土と肩を並べることができると思ったからです。

　しかし、復帰と同時に日米安保条約によって、基地がそのまま沖縄に押しつけられました。復帰後、本土の米軍基地は58.7パーセント返還されたのに、沖縄では18.2パーセントの返還にとどまりました。在日米軍4万9503人（2014年）のうち2万5843人が沖縄に駐留しています。

　米兵・軍属の犯罪も、復帰後から2014年3月まで5862件起こっています。このうち殺人・強姦などの凶悪犯は571件。環境省は、航空機の騒音が精神・聴覚に悪い影響を与える「うるささ指数（W値）」を75値以下と設定していますが、嘉手納基地周辺の砂辺地区では2016年度の調査で測定期間平均86値、1日の騒音発生回数6413回。普天間の上大謝名では80値、34.4回となっています。

　私も米軍戦闘機の訓練を何度となく撮影していますが、その騒音はすごいものです。この音を朝から夜まで聞かされている人々の苦痛は大変なものだろうと思

いました。辺野古新基地に反対している人々は、こうした基地被害、本土政府の沖縄に対する差別政策に対しても怒りをもって抗議しているのです。

　辺野古新基地建設に反対する沖縄の民意は、この間の一連の選挙結果に表れています。2014年1月、名護市長選で辺野古基地に反対する稲嶺進市長を再選させ、11月の知事選でも辺野古反対の翁長雄志氏が、賛成の仲井真弘多知事を破り、12月の衆院選では、辺野古推進の4人の自民党議員全員が落選した（かろうじて比例区で復活）のに対し、反対の人々全員が当選しました。

　私が辺野古に反対しているのは、基地のない平和な島を願っているところへ、さらに新しい基地の建設は論外ということもあります。米軍普天間基地の移転先は国外であるべきです。ベトナム戦争撮影中に、嘉手納基地から発進したB52爆撃機がベトナムを破壊し大勢の民間人を殺傷したのを目撃しているからでもあります。

　沖縄はベトナム戦争を続ける米軍の最大の支援基地となりました。ベトナム人から見れば、加害者としての島になったのです。沖縄を基地としている米海兵隊の作戦にも従軍し、ベトナムの農村を攻撃している様子を見ました。沖縄が再び加害者の島となってはいけないと思っています。2013年12月27日、当時の仲井真弘多知事が辺野古埋め立てを承認した際の記者会見をテレビで見ました。「2021年度までの沖縄振興予算を3000億円台確保できた」と自分の手柄のように話している様子を見ていて、「辺野古新基地が利用されて、どこかの国が米軍の攻撃を受け、ベトナム戦争のように子どもや民間人が殺されても、沖縄はお金をもらえばいいのか」「これまでの基地は銃剣とブルドーザーで奪われた土地という言い訳ができたとしても、沖縄が許可してつくられた基地が戦争に加担することになってもいいのか」と怒りを感じました。また、軍港、飛行場も備えた恒久的な辺野古基地が建設されれば、沖縄は、有事の際には攻撃の目標となる危険性も増大します。

　美しい海に囲まれ、南国の樹木が風に揺れ、三線の音が響く、基地のない平和な島こそが、沖縄には合っています。

名護市長選　「子どもたちを守るために辺野古の海にも陸にも新しい基地は造らせない」。新基地建設反対を市民に訴える稲嶺進候補。辺野古区。2014/1/18

新基地建設反対の民意　投票日前日の最終演説場となった宮里の交差点に多数の支援者が集って熱気に包まれた（2014/1/19）。開票後、4155票の大差で勝利した稲嶺氏の選対本部ではバンザイの歓声があがって感動的だった。

昔は基地の街　辺野古中心通り。1957年、米軍基地建設工事開始とともに建設労働者も増え、小さな村に料亭、食堂が増えた。海兵隊の駐留とともに米兵向けのバーも増加。米兵立入り許可を受けた飲食店は1963年には86軒あったという。2013/1/19

さびれた歓楽街 1965年3月、名護市のキャンプ・シュワブにいた海兵隊のベトナム移動後は景気が悪くなった。ベトナムから部隊が戻ると景気も一時回復したが、72年、沖縄の本土復帰後、円高などによって米兵の足が遠のいた。2013/1/19

辺野古 辺野古区の人口は1114世帯1870人(2016年)。写真向かって右方向に海。道路の先、右側にキャンプ・シュワブがある。2013/1/19

安次富浩さん　辺野古漁港横にあるテント村には、日本全国だけでなく外国からも多くの人が訪れる。安次富さんは、ハワイの沖縄県人会の人々、本土の大学生グループ、平和団体の人々に辺野古の状況を説明していた。2012/9/8

平和は交流から　辺野古の浜に立つフェンスには基地や軍隊に反対する人々の気持ちが表れたスローガンが並び、見ていて楽しい。基地賛成の人々が夜中に取り払うが、また新しい布が張られる。2012/9/8

ジュゴンは竜宮城の使い　ジュゴンが平和に暮らせない海には人間も平和に暮らせない。ジュゴンの命を大切にしない軍隊は人間の命も大切にしない。2012/9/8

相馬由里さん 相馬由里さん（左）が船長の抗議船にはいろいろな人が乗る。由里さんはその人々に状況を説明し自らも抗議に加わる。スピーカーで海上保安庁職員に公共の海に立入禁止のフロートを広げるのは違法だと訴えていた。2014/12/10

平穏な海岸、海保は休日 2014年12月10日の辺野古の海。この日は海保もいなかった。一見、カヌーの人たちも海を楽しんでいるかのような平和な光景に見えた。ここに米軍警備員や海保がでてくると状況は一変する。平和な海を返してください。

汀間漁港　名護市漁業組合員は約1100人。辺野古基地建設に際し漁場補償手当として政府から36億円が既に支払われている。新基地建設地に近い辺野古、豊原、久志の３区には騒音などの迷惑料として1000万円支払われている。2015/6/22

工事建設準備 キャンプ・シュワブの浜。この時期、まだフロートは海岸に近かった。2015/1/15

キャンプ・シュワブの海 2014年12月10日。立入禁止の区域を示すフロートも浜辺近くに限られていたが、翌15年1月から範囲が一気に広げられた。思いやり予算で立てられた海兵隊宿舎が白く光っていた。

「辺野古」の経緯②

2002年7月、国・県・名護市・宜野座村・東村「代替施設協議会」、辺野古沖埋め立てと2000メートル滑走路の代替施設を決定。

2003年4月、普天間基地の県外・国外移設を訴えた伊波洋一氏が宜野湾市長に当選。2004年8月、沖縄国際大に普天間基地の海兵隊ヘリコプターが墜落。

2005年10月、日米両政府、キャンプ・シュワブ沿岸にL字型の代替基地設置に合意。

2006年4月、島袋吉和名護市長、V字型政府案合意。

2006年5月、日米政府が「再編の実施のための日米ロードマップ」に合意。「V字型2本の滑走路はそれぞれ1800メートル。キャンプ・シュワブ区域に設置」「2014年まで完成目標。代替施設完成後に普天間飛行場から移設」「代替施設は原則として埋め立てとなる」「この施設から戦闘機は運用しない」など。

2006年11月、普天間基地の危険除去と政府のV字型案を容認できないとした公約を掲げた仲井眞弘多候補が県知事に当選。

2008年、仲井眞知事の見解。「普天間飛行場の移設は県外がベストだが、国際状況から実現は困難。普天間の早期危険除去で県内移設もやむをえない」。

2009年2月、日米政府、沖縄海兵隊の一部グアム移転を調印。沖縄海兵隊1万9000人のうち8000人と家族9000人を2014年までにグアムへ移転。移転費用102.7億ドル中、グアムのインフラ整備など直接費28億ドルを含め60.9億ドルを日本が負担する。

「座り込み、俺たち関係ないね」　2015年1月15日から埋め立て工事の作業が開始された。座り込みなどで抗議する人々は警官隊や海上保安庁職員に排除あるいは拘束された。キャンプ・シュワブの浜ではアメリカ兵がバレーボールを楽しんでいた。

アメリカ兵　ベトナムの戦場で4年間、米兵と行動を共にした。基地では気さくで良い青年だった兵士が、戦場では徹底的に民間人を殺戮した。戦争は人間を変える。私も兵士だったら敵を殺すようになるだろう。2015/11/18

キャンプ・シュワブの浜 海兵隊の水陸両用装甲車の訓練（2015/7/17）。沖縄の米軍基地総面積２万3098ヘクタール。県面積の10.1％、本島面積の18.2％。日本の面積の0.6％の沖縄に73.7％の米軍基地（専用施設）がある（数字は2014年）。

辺野古沖の水陸両用装甲車　海兵隊が訓練している時、キャンプ・シュワブのゲート前では基地建設反対の座り込みが続いていた。2015/7/15

武装ヘリコプター　カヌーの人たちが抗議活動をする上空を2機の武装ヘリが旋回していた。訓練だろうが長時間なのが気になった。ベトナム戦争中、武装ヘリが人々を攻撃するのを見て、ひどいことをすると感じたことを思い出した。2016/3/4

キャンプ・シュワブ正面ゲート 中央は山城博治さん。その後ろは基地ガードマン。奥右に機動隊員のバス。長時間座り込んでいるので年配者は簡易椅子を準備していた。2015/1/15

カチャーシー　沖縄では宴会の終わり近くになると三線が奏でられる。その時は音に合わせて身体を動かせばよい。座り込みのゲート前でもたびたび演じられていた。これぞ沖縄式抗議活動。後ろのガードマンも一緒にどうですか？　2015/1/15

戦争は許さない　過酷な沖縄戦、戦後のアメリカ支配を知る沖縄の人々の反戦の気持ちは強い。2015/1/15

三線を聞きながら　歌で現場を盛り上げる「辺野古の歌姫」を自称する女性たちがインゲン豆から作る沖縄式ぜんざいを作って皆に配っていた。2015/1/15

海は誰のもの 拘束されるカヌーの市民。皆が共有している海に政府の政策によって立ち入り禁止区域がつくられる。沖縄で生まれた私も海の自然を楽しむ権利があると思っているが、故郷にはフェンスで囲まれた場所が多い。2015/11/18

雨ニモ負ケズ、風ニモ負ケズ 本土から来た人たちが一言ずつ挨拶する。私も励ましの言葉を送った。ギター、三線の演奏、合唱もあった。2015/6/22

女性を敵にしたら負け　女性は強い。子を育て家庭を守り仕事もする。子や孫を戦争に行かせないとがんばっている。
2015/6/22

平和を守る最前線 辺野古沖、カヌーをひっくり返されても拘束されても抗議を続ける人々。この様子をみていると頭が下がる思いである。2015/1/16

今日もがんばろう カヌー団にはいろいろな人がいる。学生、定年退職者、牧師、僧侶、現職教員、看護師……。仕事を早退したり休日を利用したりして抗議へ。あるいは一時休職、大学休学などの人も。カヌーの向こうに海保の巡視船。2015/6/22

海保の職員　辺野古沖で抗議活動を抑えこむ海保職員は、心から基地建設を支持しているのだろうか。ベトナム戦争取材中、戦場が人間の人柄を変えるのを目の当たりにした。この海上でも似たことが起きているのかもしれない。2015/1/16

お互いにカメラマン　辺野古へ行くたびに、海保職員や機動隊員にスチル写真や動画を撮影された。私たちを写したファイルができているのかもしれない。2015/6/22

軍港に見えた　キャンプ・シュワブの陸上に並ぶ海保の高速ボート。さながら軍港のようだった。1隻1000万円くらいすると聞いた。「国策」の辺野古基地建設に、政府はたくさんの税金を使っている。2015/1/16

高速ボートとカヌー　海保ボートには６人乗っている。一人が鉤棒でカヌーを引き寄せる。一人は動画で証拠撮影。一人がボートから身を乗り出してカヌーの人を拘束する。カヌーに飛び移りひっくり返し拘束することもある。2015/1/16

6人がかり 海保職員2人が水中から足を抱えている。拘束された人は陸地で解放される。拘束時に水中に押さえ込まれたり骨折したりした人もいる。2015/1/16

抗議 カヌーの人たちは民意を無視しての基地強行建設は違法と訴える。海保は国が決めた建設に反対し立ち入り制限区域に入るのは違法と言う。私は民意を尊重することこそが国益になると考えている。2015/1/16

人生をどう生きるか　高速ボートから水中に飛び込んだ海保職員がカヌーの人を拘束する。拘束された人は新基地は平和を壊すと考えて抗議する。人生の一つの選択である。その立場の違いは戦争に対する認識の違いではないか。2015/1/16

主のいないカヌー 拘束された人のカヌーが海を漂っていた。カヌーは海保によってフロート外に置かれ拘束を解かれた主が引きとる。そしてまたそのカヌーで抗議を繰り返す。こうした人のいることを知ってほしい。2015/1/16

仲本興真さん ヘリ基地建設反対協議会事務局次長。沖縄県商工団体連合会会長。カヌー、抗議船のリーダーを務めている。仲本さんと相馬由里さんの抗議船には多くの人やマスコミが乗る。その案内をし自らも抗議を繰り返す。2014/12/10

言うべきことを言う　フロートをこえて抗議船に乗り込んだ海保官に、勝手に立ち入り制限区域を広げるのは許せない、新基地建設反対と、抗議する相馬由里さん。2015/11/18

抗議船に乗り込む 医師でもある共産党の小池晃議員が、フロート内の抗議船の磯村正夫船長が海保職員に押さえられたショックで失神したとの情報で、フロートをこえようとしたところ海保職員が乗り込んできた。2015/11/18

心配な表情 失神した磯村さんの抗議船は同乗の人が運転。海保職員の連絡で救急車が待機する汀間漁港へ。私たちの船も後を追った。小池晃議員（左）も心配していた。2015/11/18

静かに静かに 汀間漁港に到着すると、小池議員はすぐ磯村さんの船に移って様子を見た。海保職員が丁寧に救急車に運んだ。幸い、磯村さんは数時間後に平常に戻ったとのこと。2015/11/18

フロートと海保官に守られ　ベトナム沖で見た石油採掘現場を思い出し、ここから石油が噴出したら年間所得全国最低の沖縄県も豊かになると思ったりした。基地建設のための工事では夢は育たない。2015/11/18

工事現場の作業船 キャンプシュワブ沖。多くの人が反対しているのに多額の費用をかけて既成事実をつくろうとしていることに怒りが湧いてくる。2015/6/22

平和への祈り　基地は戦争の抑止力とはならない。未明に響く太鼓の音。キャンプ・シュワブのゲート前。2015/11/19

未明に呼びかける 基地内のバスの中で待機している機動隊員に、「沖縄戦を体験し、長い間、基地に悩まされた沖縄の民意は新基地に反対する」と訴えていた。
2015/11/19

テント村を慰める 沖縄の夜が明けるのは遅い。人々が未明にゲート前で座り込みの準備をしていたが、まだ暗い中で優しい光が見えた。2015/11/19

夜通し警戒　キャンプ・シュワブの資材搬入ゲート。以前はここが正面ゲートだった。今はこの先に大きな正面ゲートを構えた。夜中、新基地建設用資材を運び込まないか見守る市民。この状況を本土の人がどれほど知っているだろうか。2015/6/22

「辺野古」の経緯③

2009年8月、「普天間飛行場移転は国外、最低でも県外」と公約した民主党が政権につく。11月、辺野古新基地建設に反対する県民大会に2万人以上参加。

2010年1月、辺野古移設に反対する稲嶺進氏が、名護市長に当選。

2010年5月、日米政府、普天間の移転先を辺野古とする共同声明を発表。6月、移転先を国外・県外と選挙で公約した鳩山由紀夫首相が退陣。公約を果たせなかった鳩山内閣に失望と批判が集中した。しかし、私は、沖縄の負担を軽減するために普天間基地の移転先を探した日本でただ一人の首相と思っている。移転先として、福岡、大分、宮崎、長崎の自衛隊基地、硫黄島、徳島、グアム、テニアンなどがあがったが、いずれも地元や米軍の反対にあい実現しなかった。鳩山首相は米軍に対する認識の甘さと県外移設を押し通す力に欠けていた。

2010年11月、普天間の「県外移設」を公約した仲井眞県知事が、同じく「県外移設」の伊波洋一候補を破り再選。

2011年11月、野田佳彦首相とオバマ米大統領、ニューヨークで会見。辺野古移設を確認。

2012年9月、オスプレイ配備反対県民大会に10万人が結集。この人々は辺野古新基地にも反対した。

2012年12月、オスプレイ反対県民大会直後に、普天間基地にオスプレイ配備強行。

山城博治さん　キャンプ・シュワブのゲート前、最前線に立ち続けている。沖縄平和運動センター長。時には声荒く機動隊と対立し、時にはカチャーシーを踊る。座り込みの人たちの士気を保つため気を使っているように見えた。2015/11/18

「辺野古」の経緯④

2013年4月、日米政府が、普天間の辺野古移転を条件に嘉手納基地以南の6施設返還に合意。

2013年12月27日、仲井眞知事、辺野古埋め立てを承認。「普天間の県外移転」公約に反する態度変更に県民は怒りを爆発させる。

2014年1月19日、名護市長選挙で辺野古新基地に反対する稲嶺進氏が再選。

2014年11月、県知事選挙において、辺野古新基地建設反対を表明した翁長雄志前那覇市長が、現職の仲井眞氏を破って当選。

2015年10月、翁長知事が仲井眞前知事の埋め立て承認を取り消した。政府は取り消しの一時停止を申し立て、政府と県の裁判闘争が続くことになった。

米兵の姿は見えない キャンプ・シュワブ正面ゲート前。基地建設反対の人々が並ぶ。国道329号は交通量が多いのでデモ参加者が交通整理をしていた。ゲートを塞ぐのは機動隊と警備員の車。日本人同士を争わせ米兵は奥にいる。
2016/3/4

沖縄米軍基地、石川メモ①

◎2009年、沖縄タイムスが本土の全都道府県知事に、普天間基地代替施設受け入れをアンケート調査。受け入れるとした都道府県はゼロだった。

◎2012年7月、沖縄タイムスが本土の全知事にオスプレイ配備に関するアンケート。賛成0、反対6、どちらとも判断できない7、その他23、無回答10。

◎2008年頃から動きが強まった、日本最西端の島、与那国島への自衛隊誘致問題。誘致賛成者の弁「自衛隊がいなければ南沙諸島のように中国軍が上陸するかもしれない」「経済的プラスがある」。反対者の弁「政治家、防衛省が中国の脅威を煽っている」「台湾との交流を進め観光客を誘致する」「土地改良を進め農業、畜産業を増やす」。

◎2012年9月、野田佳彦首相は尖閣諸島5島のうち、魚釣島、北小島、南小島の3島の国有化を発表。中国が反発し反日運動が起こるなど、日中関係がこじれる原因となった。日中関係悪化は、米軍基地がある沖縄に不安を与える。

◎2013年8月5日、米軍ヘリがキャンプ・ハンセンに墜落。乗員4人中1人が死亡。1972年の復帰から2014年12月末日までの沖縄での米軍ヘリコプター墜落事故は17件、33人死亡、重軽傷20人、行方不明19人。ベトナム戦争中に4642機の米軍ヘリコプターが墜落しているが、その半分以上の2566機は事故によるものだった。

基地内の機動隊　2015年11月3日、警視庁機動隊が派遣され県機動隊と連携して抗議の市民を排除した。日本政府は「思いやり予算」で米軍を助ける一方、警察に基地を守らせて市民を排除している。

民意の表れ アジア太平洋戦争中、日本人は戦争の実態を知らされることなく政府と軍部にだまされ続けていた。戦争に反対する人は逮捕された。今は表現の自由がある。座り込みの人々は戦争は不正義であることを訴え続けている。2015/11/18

人間みな兄弟　この人も、海保の若い人が旅行で家に遊びに来たら、息子や孫のように優しく対応する。カヌーの人々に対する拘束行動を残念に思っているだろう。
2015/1/15

基地のない平和な島を　「息子や孫に安心のできる沖縄を残してやりたい。それが沖縄戦や基地の苦しみを知っている私たち年寄りの義務だ」——この人の表情はそう語っている。2015/11/18

若者 この人は、キャンプ・シュワブ前の座り込みで山城博治さんたちの発言を熱心に聞いていた。機動隊による排除も身をもって体験した。平和のためには行動することが大切だと思う。2015/11/18

機動隊 この若者たちと戦争談義をしながら居酒屋で泡盛を酌み交わしたいと思う。私の戦場取材の体験も聞いてもらい、どのように受け止められるかを知りたい。2015/11/19

ダイ・イン　キャンプ・シュワブ前では座り込み、ダイ・イン、スクラム、三線、琉球舞踊、カチャーシー、歌、スピーチなど、いろいろな方法で抗議が続いている。一度参加してみませんか。2016/3/4

沖縄米軍基地、石川メモ②

◎2013年12月4日付沖縄タイムス報道。1972年10月、米国防総省で、沖縄を含む太平洋地域から海兵隊を撤退させサンディエゴ基地に統合することが検討されていたのに対し、日本政府が「抑止力」のために海兵隊駐留を求めたと公文書に記されているとのこと。

◎2013年11月、普天間基地の海外移設を公約して当選した自民党の5人の国会議員が、自民党本部の圧力で「辺野古容認」を表明。公約違反と市民から批判を受けた。

◎2013年12月、秘密保護法成立。沖縄の基地を撮影していたら警察に逮捕されるのではないかと不安を覚える。

◎安倍政権は2013年12月1日の閣議で「国家安全保障戦略」を決めた。1機100億円といわれるオスプレイを17機購入。ステルス戦闘機F35を28機、機動戦闘車99両、沖縄・離島の戦闘を念頭に水陸両用車92両、イージス護衛艦2隻、新型多用途護衛艦2隻、空中給油・輸送機3機、無人偵察機3機。安倍政権は軍事大国を目指している。

◎2008年、東村高江の米軍ヘリ離発着地帯の移設工事において、移設に反対する伊佐真次さんが通行妨害をしたとして、国は、8歳の少女も含め15人を那覇地裁に訴えた。地裁は伊佐さんだけに妨害をしたとの判決（他の人への訴えは却下）。伊佐さんへの判決を不服とした住民が福岡高裁に控訴したが、13年6月、高裁は訴えを却下。高裁は住民の危険より「国益」を優先したと感じた。

平和を守る　キャンプ・シュワブのゲート前。腕を組み合って排除に備える。戦争に結びつく新基地建設を阻止するという強い信念を持っている。2015/11/19

崎原盛秀さん　前列左から２人目の崎原さん。1996年、沖縄の人たちのベトナムツアーで一緒に旅をした。元中学校教員。「公害から金武を守る会」の代表もつとめた。2015/11/19

立場の違い　1960年の新安保条約、68年の原子力空母佐世保入港、71年の沖縄返還協定などの反対闘争で、市民、学生と対立する機動隊を見てきた。立場の違いから日本人同士が争う様子に寂しさを感じた。2015/11/7

母と息子の年齢　この女性の年代の人は、敗戦後、廃墟となった沖縄やベトナム戦争の後方基地となった沖縄を通して戦争というものを知っている。一方、若い機動隊員は、映画やテレビ、本などでしか戦争を知らない。2015/11/17

無抵抗の抵抗 座り込みの人たちはインドのガンジーのように非暴力の抗議に徹している。頑張っていた崎原さんも排除された。ベトナムツアーの時、崎原さんの指揮で沖縄の歌を合唱したのを、なぜか思い出した。2015/11/19

基地内に入るトラック　キャンプ・シュワブ前、座り込んでいた人々を排除した後、基地建設資材を積んだトラックが機動隊に守られて基地内に入った。2015/11/19

座り込み4232日 辺野古漁港脇の座り込みテント(2015/11/19)。私が初めてテントを訪れたのは1997年9月5日、西川征夫さんから話を伺った。2003年12月6日、日本縦断徒歩の旅の途中の時には金城裕治さん、平良悦美さんとお会いした。

老人と若者 おそらく老人は沖縄戦を体験しているだろう。若い機動隊員には日本の戦争は70年前の遠い出来事だ。「戦争では大切な命が奪われるのだよ」「その命を守るために基地があるのでしょう」そんな会話が聞えるようだ。2016/3/4

三線の日　琉球王朝時代からの伝統文化、三線は沖縄の人々の生活にとけ込んでいる。毎年3月4日は県内だけでなく本土や海外の県人会で「三線の日」が催される。キャンプ・シュワブ前でも三線が奏でられ琉球舞踊が披露された。2016/3/4

キャンプ・シュワブ前に響く三線 村へ行くとお年寄りから若者まで泡盛を飲みながら三線を楽しむ場に出会う。沖縄戦の時、収容所で米軍の缶詰の空き缶と落下傘の糸で「カンカラ三線」がつくられ、苦しむ人々の心を癒やしたという。2016/3/4

三線おじさん この方も座り込みを続けている（67ページ写真の前列中央の人）。三線は琉球国時代、中国から伝わり、琉球から大和へ渡った後は三味線と呼ばれた。キャンプ・シュワブ前。2016/3/4

琉球舞踊の名手　キャンプ・シュワブ前で踊る 源 啓美
さんは古典芸能コンクール最高賞を受けている。古典舞
踊は琉球王が代わる時、中国から来沖する冊封使を歓迎
する宴で踊られた。この後、源さんらは機動隊に排除さ
れた。2016/3/4

米兵に基地 No を伝える　海兵隊の軍用車の前に立ちはだかった男性を見て、中国の天安門広場で戦車の前に立った青年の姿を思い浮かべた。2015/11/18

三線は離さない　演奏途中、「三線の日」は排除で中止となった。沖縄の文化と日本の国益とは合致しないようだ。この日、午後から「三線の日」は再開された。2016/3/4

軍用車の前に キャンプ・シュワブのゲートに近づいた海兵隊の軍用車に市民が近寄り、「No base !」「No war !」と叫んでいた。基地内からその様子を米兵や機動隊員が見ていた。2015/11/17

勝利のカチャーシー 2016年3月4日、午後12時半過ぎ、キャンプ・シュワブ前。政府と県の訴訟争いに福岡高裁那覇支部が示した和解案を政府が受け入れたというニュースが流れた。「基地反対活動の勝利だ」。座り込みの人々から歓声があがった。

辺野古撤回まで頑張ろう　和解案受け入れで喜ぶ人々。でも「辺野古が唯一の解決策」としている政府を信用していない。2016/3/4

沖縄米軍基地、石川メモ③

◎2013年7月、沖縄市サッカー場の地中から枯葉剤を入れていたと思われるドラム缶22本が発見された。米軍は沖縄での枯葉剤の取扱いを否定しているが、ドラム缶からは枯葉剤に含まれた高濃度のダイオキシンが検出された。ありとあらゆる物資が沖縄経由でベトナムへ送られていたにもかかわらず、枯葉剤だけが省かれたとは考えられない。米軍はウソをついている。

◎米軍基地がなければ沖縄の経済は向上する。基地関連収入は、1972年復帰直後は県経済の15.5%だったが、現在は4.9%と大きく下がっている。

		返還前	返還後
那覇新都心 （米軍牧港住宅地）	従業員 経済効果額 税収効果	168人 57億円 6億円	43,948人 5,329億円 379億円
桑江・北前地区 （ハンビー飛行場）	従業員 経済効果額 税収効果	0人 3億円 0.4億円	6,408人 498億円 57億円
普天間飛行場 （試算）	軍用地代、軍雇用者所得ほか	120億円	施設・投資・事業ほか5,027億円

（2015年1月、沖縄県企画部企画調整課の資料から）

辺野古３人娘　辺野古に住む島袋文子さん（86、中央）。美ら海は沖縄の宝、人を殺す基地で汚してはいけないと、最初から座り込みを続けている。左は宜野座映子さん（68）、右は上間芳子さん（70）。キャンプ・シュワブ前。2015/11/19

あとがき

　今、沖縄における自衛隊員の増加と基地の強化が目立っています。中国、北朝鮮からの攻撃を想定して、沖縄を最前線基地にしようとしているのです。

　政府が、辺野古新基地建設を強行しているのも米軍と自衛隊による新基地の共同使用が念頭にあるからです。辺野古の海兵隊基地キャンプ・シュワブから続くキャンプ・ハンセンでは、2008年から自衛隊の訓練が始まっています。

　那覇空港に隣接する航空自衛隊はＦ15戦闘機をこれまでの倍の40機に増やしました。2015年は不審機が日本の防空圏内に近づいた時に戦闘機を発進させるスクランブルが１月から12月まで352回あったそうです。

　今、台湾、中国にもっとも近い与那国島に自衛隊基地の建設工事が進んでいます。人口1490人の島にレーダーで領海・領空を監視する沿岸部隊約160人と家族94人が駐屯することになっています。

　2013年６月23日の「慰霊の日」、与那国島・久部良小学校一年生の安里有生くんが「へいわってすてきだね」という詩を朗読しました。与那国島の猫、山羊、馬がのんびりと遊び、亀や魚が泳ぐ平和な島が詩われ、子どもや家族が犠牲になる戦争の恐ろしさも表現されるなど、平和の尊さが伝わってきました。

　その自然に溢れた与那国島が自衛隊の基地によって変わってしまうと私は思いました。ほかに、宮古島へ2016年度には108億円の予算をかけて800人のミサイル部隊の配備を計画しています。ヘリポートが設置され水陸両用車の訓練が行われる可能性もあるとのことです。石垣島には500人から600人規模のミサイル部隊のほかにヘリコプター部隊の配備の計画もあるようです。自衛隊は沖縄の先島が占領された時を想定した奪回作戦計画を立て、米海兵隊機能を備えた部隊編成も構想に入れています。

　占領、奪回と聞くと、沖縄の島が戦場になり、沖縄戦の時のように子どもや市民が死傷する場面を想像します。沖縄の要塞化が進められ、辺野古新基地が建設されれば、先島の基地と結びつくことは確実です。

　今後、米軍基地の共同使用、共同訓練が増えていく中で2016年３月29日に施行された安全保障関連法によって沖縄の危険性はさらに増加すると思いました。安保法が「日本の平和と国民の生命を守る」という安倍政権の主張は間違いであり、事実はその逆というのが、各地の戦場を取材してきた私の強い気持ちです。

2016年４月　著者

石川　文洋（いしかわ　ぶんよう）
1938年沖縄県那覇市首里に生まれる。
4歳で本土へ移る。現在は長野県諏訪市に居住。

1964年毎日映画社を経て、香港のファーカス・スタジオに勤務
1965年1月〜1968年12月フリーカメラマンとして南ベトナムの
首都サイゴン（現ホーチミン市）に滞在
1969年〜1984年朝日新聞社カメラマン
1984年〜フリーカメラマン

主な著作
『写真記録ベトナム戦争』〔(株)金曜日〕
『戦場カメラマン』『報道カメラマン』〔朝日新聞社〕
『戦争はなぜ起こるのか　石川文洋のアフガニスタン』〔冬青社〕
『てくてくカメラ紀行』〔梨出版社〕
『アジアを歩く』〔梨出版社、灰谷健次郎氏との共著〕
『石川文洋のカメラマン人生　貧乏と夢』〔梨出版社〕
『石川文洋のカメラマン人生　旅と酒』〔梨出版社〕
『カラー版　ベトナム　戦争と平和』〔岩波書店〕
『日本縦断　徒歩の旅―65歳の挑戦』〔岩波書店〕
『カラー版　四国八十八ヵ所―わたしの遍路旅』〔岩波書店〕
『沖縄の70年』〔岩波書店〕
『サイゴンのコニャックソーダ』〔七つ森書館〕
『私が見た戦争』〔新日本出版社〕
『まだまだカメラマン人生』〔新日本出版社〕
『命どぅ宝・戦争と人生を語る』〔新日本出版社〕ほか

基地で平和はつくれない──石川文洋の見た辺野古

2016年5月30日 初 版

著　者　石川文洋
発行者　田所　稔

郵便番号　151-0051　東京都渋谷区千駄ヶ谷4-25-6
発行所　株式会社　新日本出版社
電話　03（3423）8402（営業）
　　　03（3423）9323（編集）
info@shinnihon-net.co.jp
www.shinnihon-net.co.jp
振替番号　00130-0-13681

印刷　光陽メディア　製本　小泉製本

落丁・乱丁がありましたらおとりかえいたします。
© Bunyo Ishikawa 2016
ISBN978-4-406-06030-1　C0036　Printed in Japan

Ⓡ〈日本複製権センター委託出版物〉
本書を無断で複写複製（コピー）することは、著作権法上の例外を
除き、禁じられています。本書をコピーされる場合は、事前に日本
複製権センター（03-3401-2382）の許諾を受けてください。